文芸社セレクション

見えなくても大丈夫

～ Blind cat めめ～

田中 優子

TANAKA Yuko

文芸社

目次

はじめに

おはようございます♪

おはようございます♪

めめママです。

めめに出逢ったのは、丁度一年前でした。いつもの海辺へお散歩に行った所、一匹のネズミ（のように見えた）が草むらへと横切っていきました。よく見ると小さな仔猫でした。しかも、片眼が飛び出している…。可哀想だな、ちょっとムリ…。私はそのまま、その仔を見すごすつもりでした。いつものように、小一時間唄った後、

「ああ、これでまたいたりしたら運命だろうな」

ふとそう思い、いつもは反対側の入口から出ていくのを、元来た入口へとひき返してみました。

いた！

見つけた草むらから1ミリも動かず、その仔はじっとうずくまっていました。

その日、自分も土曜出勤なこと。頼りになる筈の同居の母も入院予定であること。タイミングはまさに最悪でしたが、私はもう運命と心に決めて、その仔を家へと連れ帰りました。

「大丈夫だよね、片方お目眼が見えなくたって、ね」

そう言いながら、小さなケージの中に入れ、ご飯をあげたところ、パクパク食べてくれ、その日は静かに家でお留守番をしてもらいました。

翌日、先住猫たちがお世話になっている病院へ連れて行ったところ、

「ああ、もう片方は眼球ないね」

えっ?!

つまり、その仔は両眼が見えない、盲目だということがわかりました。

さあ、トイレは？　おうちの中で暮らせるのかしら？

心配が一気に込み上げてきましたが、何故か不思議と、その仔を誰かに任せたりなんて発想は浮かびませんでした。

私は、その仔に、めめ、と名付けました。めがない分、2つのめを贈りたく、また、親しくさせていただいたこともあり、若くして亡くなってしまった作家さんの呼び名を呼べるかな？　と、そう付けました。

なれそめのご紹介が長くなりましたが、こんな風に、めめと私は出逢いました。出逢ってから、めめは私の心配をよそに、おトイレも完璧にこなし、家の中も自由に行き来してみせました。

ああ、神様っているんだな、と強く思わせてくれました。

この本は、日々めめを眺めるうちに浮かんだ心の声がみなさまに届け、と書いてみました。

おはようございます♪

おはようございます♪

保育園でご挨拶をするようなタイミングで読んでいただけたら、倖せです。

元気ですか？

おはようございます♪
おはようございます♪
元気ですか？　心も身体も。
元気が出ない日、それもあり。
心と身体に素直な方が好いですよ。

良し悪しは、神様が決めること。
だから、心地好さを選びましょうよ。
きっと、心と身体に好いですよ。うふふ♪

うふふ♪でいきましょ。
素敵な一日だと好いですね。

雨降りの日

おはようございます♪
おはようございます♪
見えなくても、心で見る、めめです。
皆さまに元気パワーを贈るのが志事と思っている、あたち。
今日も雨降り。
止まない雨はない、と言うけれど、そう思えないわ、という時も。
心病む前に止むように、そう願います。
今日は、若くして自ら命を絶ってしまったママの大事な人のお誕生日なんです。
ママは静かに、おめでとう、と祝います。
乾くと、耕すことも出来ないですから。

雨が降るのは、乾きをいやすため。
晴れを待つ時。
雨音が静かになってきました。
じき止むでしょう。

最高のお化粧

おはようございます♪
おはようございます♪
旅に出たいのですが、
こちらで好いですか？　とめめ。
え？
おちゃめに笑顔をくれる朝です。
今日も笑顔あふれる日でありますように。
笑顔は、最高のお化粧です。

あなたが主役の物語

おはようございます♪
おはようございます♪

やなことがあったら、ああ、この役を今日演じるのは、あたちなのね、と思います。
誰もが役を全うするようになっています。
果たしてどんな物語でしょうか。
まだ誰も知りません。

わくわくしませんか。
みんな、誰も知らない物語を生きているのですね。
わくわく。
わくわく。

今日は何があるかしら。
わくわくして、
女優さん俳優さんになりきってみませんか。
主役です。
あなたの人生の。
うふふ♪

誰のせいでも

おはようございます♪
おはようございます♪

ママが唄う歌に『星の流れに』っていう古い歌があるのだけれど、その歌に、
♪こんな女に誰がした♪
っていう歌詞があるの。

時代のせい？
環境のせい？
いろいろあったでしょう。
でも最後はやっぱり、自分のせいなのよね。

自分のための自分の人生、
どんな生き方にするか、選べなかったかしら？

それなら、今日という日を彩りましょ。
いつか遠目で見た時、
ああ、いい人生だったよと、
味わえる、彩りに、
せっかく生きているんだから、
日々を如何に彩るか。

偉そうね、うふふ♪

あたちのおすすめ。

方向転換

おはようございます♪
おはようございます♪
今朝もお薬、きちんと待てる　めめです。
いただいた目薬も嫌がりません。

置かれた状況に全ておまかせする姿に、感心しています

アレが悪かった。
コレが悪いから。
あれあれ。

こうしたら　どうかしら。
ああなると　いいわよね。

どちらかと聞かれたら、感想は素敵な方がいいわよね。
同じく否定をしてるんですけどね、
うふふ♪
素敵な方へ、
素敵な方へ、
方向転換しませんか。

これだけ

おはようございます♪
おはようございます♪

お先にどうぞ。
最近出来ているかしら。
譲っていただけたら、
すみません、
じゃなく、
ありがとう。
今日は、これだけ心掛けようかしら。
うふふ♪
あたちのひとり言よ。

想いは抑えず

おはようございます♪
おはようございます♪
今日、ママは帰ってくるみたい。

うふふ♪
どこにかくれんぼ、しようかしら。
でも、ママが帰ってくると、リンリン鈴を鳴らしてお迎えに行っちゃうのよね。
想いを抑えるって必要かしら。
時には、強いられることもあるわよね。
出来るだけ、ジレンマって言うのを取り除くと、とっても楽になるわ。
そうよね。

知ってても、なかなか…。

皆さまの声、あたちの耳に届いてよ。
みんな、きっと、そう。

あら？
みんななら、いっか、って言ったひと、誰かしら。
うふふ♪

聞こえたわよ、それも。
20回に1回から、はじめましょうか。
きっと自信つきますよ。
歯車は、大きなほど回り出すのに力が要ります。それも覚えておいてね。
ところで、
あなたの回したい歯車は、大きいですか？
うふふ♪

あなたの空色

おはようございます♪
おはようございます♪
ずいぶん前に、ママよりずっと歳下の娘たちが、

「空の写真ばっかで、ウケる」
って言ったの。

ママは思っていました。
今にわかるのね、空が美しいだけで心穏やかになれるありがたい日が来るってことを。
当たり前で、なんにもないことが貴重な今であることを。

命は有限。
それを感じられる日は来ます。
ね、うふふ♪
今日のあなたの空は、
如何ですか。

ありのままの自分を誇る

おはようございます♪

おはようございます♪

めめです。

一年前は、お目めが飛び出していたの。病院帰りのあたちを覗きこんで、びっくりして黙っちゃった人がいたほどよ。

今はこう。

どうかしら？

ママも昔はスタイルにこだわって神経質になっていたらしいけど、今では15kgふえたぽっちゃり同盟。

美味しいものを楽しんで、気楽に暮らすことにしたそうよ。

おしゃれは忘れませんけど、ね。

ありのままの自分。
出すこともなかなか難しいわ。
でも、顔も心も身体も、
そのままの自分を認めてあげる。
その上で、生きたメイクやファッションを
楽しみたいわよね。
うふふ♪
コンプレックスあって上等。
そんな自分でいたいわ。

道はそれぞれにひらかれる

おはようございます♪
おはようございます♪

ヤードで寛ぐ、めめです。

ママは、47歳で今のお志事、保育の道に入りました。国家試験の勉強も独学でしました。

ほんとに、毎日が楽しいそうです。

道はそれぞれですよね。

遅すぎることは、何事もありません。

神様は見ていてくださいます。

もし、皆様に、やりたいこと、やってみたいことがあるなら、動いてみてくださいね。

心のほんとの声に従うと、自然にご縁が出てくるのです。

信じてみてね。

そして、我武者羅ってどう思うかしら。

字を読むだけで、なんとなくわかるわね。

ゆるりと、淡々とこなすのが秘訣よ。
うふふ♪

心の声は、
何と言っていますか。

箱入り娘

おはようございます♪
おはようございます♪
今朝は箱入りよ。
あたち、にゃんこのママのこと、よく覚えてないの。
今のママ、出逢った時から気まぐれだったわ。
あたち、一度、
「あームリかな〜、ゴメンねーーーー」

って、バイバイされてるの。

でも、ママ戻ってきて、

「いいや、ばあちゃん入院するし、私も志事だから、いきなりお留守番だけど、いいやな、出来る、出来る」

って。

それからママのおうちが、ずっとのおうちになったの。

ばあちゃんは、ママがあたちを年中病院に連れていくんで、箱入りって呼んでるわ。

てんかんって病気なんですって、あたち。だから毎日、朝夕お薬。がんばって、ごっくんすると、ママがちゅーるをくれるわ。

元気で長生きしてね、っていうのが、ママのお願いなんですって。皆さまと一緒ね。

今日も、いろいろあるかも、だけど、元気で長生き、それでぜんぶ○。病気で、長生きできなくても、それはそれで○。

細かいことは、まあ、神様が決めるわ。

やなことあったら、あたちのダンボールハウスでくつろいで、よくってよ。
うふふ♪

世界の素敵がやってくる

おはようございます♪
おはようございます♪

あのね、ママは音楽をやる人なんだけど、ママの知り合いのミュージシャンには、片目が見えないドラマーや片耳がきこえないギタリストがいたりするの
ハンディなど気にせず、活動をされていて、ママも刺激を受けたそう。

あたちもね、ママに出来ないことなんか、ないわよ、うふふ♪って見せてあげるの。
だって、そんなひと、世の中にはたくさんいるんでしょう？
もうすぐ、パラリンピックって言うのが、この国であるらしいわ。

あたちもばあちゃんもママも、みんな楽しみにしているの。
神様から与えられたものを活かして生きる、そんな姿がたくさん感じられる。
素敵な機会、楽しみましょ。
自分の全てを活かして。

人生の素振り

おはようございます♪
おはようございます♪
めめです。
繰り返し練習。間違えるところを、何度も。
同じところを、繰り返し。

素振り、ね。

なんだ、いつも同じようなことで、つまずくって落ち込んでたけど、ただの素振り
だったのね。

間違えたって、いいんじゃない。
つまずいたって、いいんじゃない。
素振りしてただけよ、人生の。

あ、あたち、にゃんこ?!
また、間違えちゃった、うふふ♪

休めの時

おはようございます♪
おはようございます♪

あたち、めめは、毎朝おいしくご飯を食べて、お薬をゴックンして、のんびりお部屋でゴロゴロしたり、大好きなボールで遊んだりして過ごし、陽気の好い時は、めめヤードで遊んだり、のんびり休んだりして過ごすわ。

倖せね、よかったね、ってひとは言います。

でも、もしひとがそうだったら、倖せね、って言うかしら？

あら？　言うわね、たまに。でもそれには、

「いいわよね、優雅で、うらやまし」

って、気持ち入ってません？

ひとは、ねこみたいに生きるのダメなのね、とはママはちっとも思わないんですって。

何かしなきゃと言って、始めるのは素敵なこと。でも、何かしなきゃと、焦るのは違うと思うわ。

ひとって絶対役割がある。

そして、今あなたが、何もしない、出来ない状況であれば、それは今は役割分担でそうなっているのよ、きっと。

休め、の状態ね。

時は来ます、イヤでも動かされる時が。
それまで休んでても全く問題なんてありません。
焦ります？
そんな時は、近所のにゃんこさんに秘訣を聞いてみて下さいね。

見返り美人

おはようございます♪
おはようございます♪
今日は、見返り美人をやってみたんだけど、どうかしら。
京都に見返り観音様がいます。
前を向くばかりでなく、後ろで追いつけなかったひとたちも、救うために振り返っ
ているそうです。
過去を振り返ると、たまらないことばかり。
消し去りたいことも少なくないかもしれません。

でも待って。
そんな過去があるおかげで、今、こんなことも出来てるわって、ないかしら。
うふふ♪
そんな過去さん、ありがとう。
今あるのは、そんな過去さんのおかげです。
よかった。
好い一日を過ごしましょ。
好いことありますよ、どんなに小さくても。
見逃さないでね。
感度を高めて。

エンジェルナンバー

おはようございます♪

おはようございます♪

数字のゾロ目、見かけることありませんか。
例えば、
ふと見たデジタル時計が「3：33」を指していたり、
信号待ちをしていたら、前の車のナンバーが「555」だったり、
そんな時は、天使がそばにいるんですって。
うふふ♪

天使があなたの願いのお手伝いにきているそうよ。
信じてあげると、天使は、あなたの願いが叶うように導いてくれるそうです。

信じない？
うふふ♪
なんでも、
信じるか、信じないかは自分次第。

あたちは、信じて楽しい方を選ぶわ。

天使が周りにいてくれるなんて嬉しいじゃないですか。
嬉しい方へ。
楽しい方へ。
生き方、切替えてみませんか。

それとね、おしゃべり苦手で、沈黙が怖いという方に朗報です。
おしゃべりがふと止む時は、天使が通った証なんですって。
天使の通り道、あたちは信じちゃうわ。
うふふ♪

笑顔のおまじない

おはようございます♪

おはようございます♪

ブームは、ボール遊びのめめです。

あっついですよね。
つらいことや面倒くさいことをはじめる時には、
私は今シンデレラなの、
とおまじないするといいわ。
そして口角を上げてみると作りものでも、
笑顔が出来上がるわ。
笑顔でいると、笑顔になれる出来事が吸い
寄せられてくるわ。
最初は形だけでも、ほんとになるの。
一度試してみて。

そして、うふふ♪は、魔法のよう。

つまらないことは、些細なこだわりにかかわるし、心がちょっと　ウキってするわ。
そしたら、しめたもの。
その前のこと、
ウキウキ、うふふ♪で、受け留めてみて。
ちょっと好いわよ。
うふふ♪
うふふ♪

心の声と会話

おはようございます♪
おはようございます♪
皆さま、自分の心と話してますか？
自分の心が何を欲しているか、確認して意識するだけでも、毎日が変わります。
心の声は、あなたの身体も作ってるんですよ、実は。

今のところ、あたちの心が欲しいのは、おいしいごはんかしら。うふふ♪
心にご褒美あげてね。

どんな自分でも

おはようございます♪
おはようございます♪
めめです。
あたち、ずいぶん大きくなったの。茶々お兄ちゃんよりも、大きいらしい。
はじめ、お医者さんは、大きくなれないかもしれないっていってたらしいわ。なのに。
乙女としては、複雑。
身体が大きなひとって、大きくなりたくてなったのかしら。
例えば、スペースをたくさんとるから、気詰まりだったりしないのかしら。
それとも、やったねって感じかしら。ひとより大きくて嬉しいって思ってるかしら。

小さくても、大きくても、
どんな自分でも愛しているのが、好いと思うわ。

あたちは、ぽっちゃり同盟。

ママと一緒だし、嬉しいわ。

さっきも言ったけど、ちょっと複雑だけどね。

自分を愛すること。

大事だから、忘れないでくださいね。

ぎゅーっと包めなかったら、代わりに誰かを包めるかしら。

それも素敵ね。

お城の石垣のように、どんな形でも、うまくいくのよ、積み重ねるのは、神様だから、安心して。

どんな自分でも、
愛してね。

ありがとうの鏡

おはようございます♪
おはようございます♪

よくポジティブに、とか、
前向きに、とかっていうけれど、どうしたらよいかわからない時あるわよね。
そんな時は、言われて嬉しい言葉を口にしましょ。
嬉しいです。
ありがとう。
素敵です。
どんどん、鏡のように、自分に還ってきます。
注意。
嬉しいこと、してもらい、

すみませんって、
言ってませんか？
つい、ね…
代わりに遣ってみませんか。
ありがとう、
嬉しい、って、
伝えてみませんか。
鏡のように、映ってくるんですよ、言葉って。

すっぱいキツネさん

おはようございます♪
おはようございます♪

ママって、おおらかというか、ズボラっていうか、今朝のあたちの後ろにも、壊れた換気扇が写ってるお写真撮っていたわ。

いつもがんばれって言うのは、ムリと思うの。
一所懸命でも、ご縁に恵まれない時もあるわ。なかなか諦めがつかないことも。

そういうことは、すっぱいキツネさんだったのよ。
イソップ童話にあるでしょ。
あのブドウはすっぱい。
すっぱいから
取れなくても好いのだ。
時にはそういうこと、ありますよう。
一所懸命やるのは、大事。
でも、念が残るのはいいとは言えません。
ご縁がないことは、
一旦、すっぱいキツネさん。
そのうち熟して落ちてくるかも、ね。

うふふ♪
あ、甘いブドウが…。

生きることという歩み

おはようございます♪
おはようございます♪

めめです。

日々の暮らしに、歩みを止めたくなる時もあるでしょ。
そういう時、どうしたらいいのでしょうか。
足は右左出してれば、いつかは目的地につくわ。
問題は　心、ね。

目的地、着いて、心がしかばね　だったらどうかしら。
やっぱり、立ち止まっても好いから、道端で花々なぞ、愛でたいもの　です。

花が咲いていない季節だったら、
星空を。
星の出ない夜には、
昔　してもらった、おとぎ話の結末に、
歌の一片に。

なーんでも　好いです。

スパイスやエッセンスをいただきながら、
決してくさらず、
時には愚痴でも

生きることは、やめてしまわない。

あなたは、
今　生きていますか。

そう、よかった。
うふふ♪

いい音は今日も鳴っていますか

おはようございます♪
おはようございます♪

水加減、
さじ加減、

人付き合いについて、一考。

人付き合いって、
トロンボーンみたいね、
うん、知ってる限り、
トロンボーンかしら。

ここら辺では、Aが鳴る、筈。
でも鳴らないで、違う音が出てしまう時もある。
て、ここら辺、でしょ？
外すこともある。

譜面通りじゃなくても、「今のはアドリブよ」で、すむといいわね。
不協和音だと残念。

でも、思い切って出さないと、いい音は出ないわ。

そして、どんな曲をどんな風に演奏したいか、イメージ出来てるといいわね。
イメージに近づけるよう、何度も練習していくと、じょうずになれそうね。
セッションもいいかも。
今日も、味のある音、鳴らしましょ。
うふふ♪

OPEN THE DOOR

おはようございます♪
おはようございます♪

めめです。
今日は、ドアの話よ。うふふ♪

え？

そうよね、何の話ってカンジかしら。

日本のドアって外に向かって開くわよね、普通。

でも、アメリカの玄関のドアは、内側に開くってママ言ってたわ。

それで、あたち思ったの。

欧米だと、welcome って、示すでしょ、すぐに、それが友好の証というか。

でも、日本だと、先ず、自分が一歩玄関に出て、ご挨拶をして、ってね。

元来そういう違いがあるものだと思うの。

その違いを上手く使い分けられるといいわよね。

この人には、欧米式のドアがいいかしら、それとも日本式のドアがいいのかしらってね。

受け入れて、直ぐに親しみを表現する方がお好みか、
折目正しく、自分からまず一歩出てご挨拶をする方がお好みか。

内開きの方なのか、
外開きの方なのか。

札をつけててくれたら、なおいいんですけれど…。

今日も新たな好い出逢いがあると願って。

好きにして

おはようございます♪

おはようございます♪


好きにしていい。

それは、好き勝手にしていいということではなく、好きということを貫く努力をするという意味なのに、勘違いをしてしまうひとを残念に思う、めめです。

自由というのも、自ら、由ある行動を自由と呼ぶのに、やっぱり好き勝手と勘違いしている残念さん、も多いわ。

責任というものが何処にあるのか、考えずに行動すると、きっとそうなるのね。

したいことは、すればいい。
但し、責任をもって。
うふふ♪と笑って過ごせるように、身返りをしてみましょ。
但し書き、忘れちゃうひと多いわ。

もったいないとあふれる

おはようございます♪
おはようございます♪
めめです。
もったいない。
最近は、あまり耳にしなくなったでしょうか。
もったいない、と聞くと、ママは、ばあちゃんのしかめっ面を思い出すそうです。
物や食べ物が本当に手に入らない生活の中で育ってきたので、その有難さを身に沁みて知っているのですね、大事にするのがとても得意です。

でも、大事にするあまり、ガツガツとしてしまうこともあります。

もったいない！

と叱ることも多くなり、気づくと眉間にシワをよせていることが多くなってしまったりします。

大事を通り越して、我先に、となってしまうことも。


ママは、食べ物も物も、それこそ誰のとわからぬお金も飛び交うような時代を生きてきました。ばあちゃんたちが、もったいないを教えようとしたので、たくさんある物たちは溢れてしまうようになりました。

もったいないと溢れる。


上手いバランスをとれるものはないのか、と、ママは思ってたそうです。

ママは、京都である言葉に出逢いました。

京都の龍安寺のつくばいには、こうあるそうです。

吾唯足知。

われ、ただ、たるをしる。

口を真ん中に、五、隹、疋、矢とデザインされたそれは、有名ですから、ご存知かしら。

私の周りは、既に充ちているのですよ、早く、そのことに気づきなさい。

そう言った意味でしょうか。

皆がこの思いに気づいた時に、世界はどう変わるでしょうか。

髪が伸びたら、切ってドネーションをし、料理好きの人が多めに作ってしまったお菜は、同じマンションのひとり暮らしの学生さんにおすそ分け、読書家で本棚に余裕のない方は、本の綺麗なうちなら図書館へ寄付をしてみる、
循環を手前ひとりで留めずに、少し大きめにまわしたら、世の中温かくなるんじゃないでしょうか。

あたちとママの夢物語？

いいえ、出来たことなんです。

考えてみて下さい。もっと世の中が温かくなる方法を。

ね、
うふふ♪

自分を信じる

おはようございます♪
おはようございます♪

めめです。

えー知らない、
ってことに出合ったら、
チャンスです。
新しい知識が増えます。

えー運転見合わせかよ、
ってなったら
いつもと違う景色が見られるかも。
えー聞いてないんですけど、
今まで気に病まずに過ごせてたのね。

あのね。
あたち、
思うの。
神様は、ぜったい悪くしないって。

だからね、
信じましょ、
自分を。

隣の誰かさんとも、
家族の誰とも、
違うかもしれない。
でも、
なくなる時、
ぜったい、
あーしあわせだったたって、
自分を信じてあげれば、ね、
今日の空はキレイですか。
心は晴れていますか。

神様の摂理

おはようございます♪

おはようございます♪


こうあって欲しいと願ったのに、叶わなかった↓絶望、希望の絶たれること、ね。

そんなこと、いくらでもあります。

こうなったら嬉しいと思ってたら、ほんとにそうなったの↓願望成就。

後者でありたいのに、ならない、そう、ままならないと思えば、いくらでもままならず。

もしかして、それは、わがままではないかしら。
わがまま—我が儘を辞書で調べると、
相手・まわりの者の意に反して、無理なことでも自分がしたいままにすること。
とあります。
その願いは、わがままであるか、ないか、まわりとの関わりに依るみたいです。

がっかりすること。

しないどころか、うふふ♪となること。

よく考えてみるとよいかもしれないわね。

その願いは、
神様の理に適っていますか

夏を過ごす

おはようございます♪

おはようございます♪

うふふ♪

めめです。

今朝も気持ちの好い朝です。

あっつい日が続きますが、皆さま体調は大丈夫ですか?

ママは食欲がなくなってきた、さくらお姉ちゃんとハッチお姉ちゃんのために、水分補給用のごはんを買いに行きました。

あたちは、茶々お兄ちゃんとばあちゃんと一緒。朝の涼しいうちに、めめヤードに出してもらったわ。

田舎って不便もあるけど、いいわ～。

時間がゆっくり流れるの。

生き物が近くだから、エネルギーも感じるわ。

昼間はあっついわよね。

そんな時は、
水に触れると好いわよ。

ひとも動物も、生まれるまで水の中でしょ。懐かしさが、気持ちをリセットしてくれる。


夏はきっぱりして好き。

おうちに来た季節だからかしら。

ママは、今でも、あたちがいた草むらを見ると、神様に感謝するんですって。

めめに導いてくださって、ありがとうございます、って。

あたちも、水が飲みたくて、おなかがすいて、もうちょっとひとりでいたら、わからなかったわ。
神様ありがとうございます。
皆様、水分補給、忘れないでね。

心のシャッター

おはようございます♪
おはようございます♪
見えなくても大丈夫、な、めめに出逢えて来週で一年です。
大丈夫
ありがとう
嬉しい
そんな言葉を多く使う機会をいただいています。
皆さまとめめに感謝します。

ありがとうございます。


うふふ♪

あたちからもありがとうございます♪

今日は、くつろぎポーズよ、如何かしら？


と最近は、ポーズを必ずとる、めめです。


好いことに出逢ったら、一瞬一瞬、心のシャッターをきりながら、その瞬間を、飴玉を楽しむように味わっていきましょ。

そうすれば、自然と笑顔になっているはず。

やりました。

笑顔の下には、笑顔になれる出来事がやってきます。

笑顔の連鎖反応、

今日も笑顔のシャッターをきれますように。

学びながら人間《ひと》になる

おはようございます♪
おはようございます♪

ママから聞いた話よ。

ママはお仕事で、自閉症という病気の子をみてたんですって。
ある日その子が、持ってきた色鉛筆を使ってお絵描きをしたのね。その時、ママが
描けなくなってきた色鉛筆を削って渡したの。
そしたら、泣き出しちゃって。
理由を尋ねたら、

短くなる、淋しいって。

ママは、その子と色鉛筆の気持ちなんて、これっぽっちも考えてなかったって反省したそう。

ひとって、いろいろなことを考えるのね。

ママは、その子といた四年半余り、たくさんのことを学ばせていただいて、本当に感謝しているんですって。

皆さまにも、そんな体験あるかしら。

ひとは、ひととの間で、常に学ばせていただいているんですね。

人間ってそうなんですね。

うふふ♪

あたちは、にゃんこだけど。

好い一日を、感謝して過ごせますように。

能力の限界って

おはようございます♪
おはようございます♪

うふふ♪
今朝は早くから、めめヤードを楽しんでます。
最近は、自分から、めめヤードに行けるようになりました。不思議なにゃんこです。
目が見えないことなんて、なんとも思わない。
自分の能力を決めているのは、結局、自分の脳じゃないかしら。心かしら。
できることを、できるだけやれば、素敵になるわよ、きっと。
今日も好い一日を。

おしゃれ　しましょ

おはようございます♪
おはようございます♪
少しだけ寒さのある朝なので、ばあちゃんが、スカーフをかけてくれました。
似合うかしら？　うふふ？
おしゃれ、忘れていませんか？
心もおしゃれにしようとすると、他人にも優しく出来ませんか？　ねぇ？
うふふ♪

おうち記念日に思う

おはようございます♪

おはようございます♪
今日、おうち記念日を初めて迎えた、めめです。
朝から、贅沢なスペシャルごはんをみんなで食べて、お祝いしたわ。
皆さま、見守ってくださり、ありがとうございます。うふふ♪

ばあちゃんがつぶやいたの。
「もし野良だったら、とっくに死んでたよ」
もし、
たら、
れば、
ないことなんです。
だからお願いです。
思うこと、躊躇しても行動にしてみてください。
良し悪しは、神様が決めます。
ただ、行動は思っているだけじゃだめなんです。
なんでも、です。

実現ゼロになりますからね。
思ったら、少し考えても、行動にしてみて下さい。
好《よ》きタイミングは、神様がくださいます。

記念日にあたって、めめからのお願いでした。うふふ♪

愛について

おはようございます♪
おはようございます♪

たっくさんのお祝いコメント、ありがとうございました。
皆さまの愛を感じました。
愛の交流があったこと、ものすごく嬉しく思います。
愛って電波にも乗らずに、遠くに届くことがあるわ。

ママは十四歳で大好きだったお父さんを亡くしてるんですって。
でもね、時々、お父さんが見てくれている感じがするんですって。
愛を今でも感じながら、毎日を生きられるから、なお倖せ。
倖せだから、周りに倖せをどうにか、こうにか分けていきたいそうです。
あたちも、そのお手伝いを出来たら、嬉しいわ、うふふ♪
愛・投げかけ、受け入れ、また投げましょ。
愛のキャッチボール。

アメリカの想い出

おはようございます♪
おはようございます♪
めめです。

ママが懐かし話をはじめたわ。

ママがひとり長距離バスに乗って、ぐるぐるアメリカをまわっていた時のこと。ある田舎町で、ツアーに参加したあと、バスを夜中まで待つことにしていた、ママ。前日にグランドキャニオンを８時間半も歩き続けクタクタだったんですって。ツアー中も居眠り、愛想なし。

ツアーを終えバス停近くのファミレスでやり過ごそうとしていたところ、参加していたアメリカ人夫婦が何かドライバーに指示して、隣のモーテルへ。暫くすると、

「バスが来るまで、ここにいなさい。お金は払ったから」

とママに言ったんですって。ママは困惑していたら、おじ様の方が、

「my pleasure」

ですって。

ぼくの喜びだから。

直訳すると、そんなとこかしら。

なかなか、ない発想ですね。

ママ、その晩シャワーとともに大粒の涙を流したんですって。

愛想なしの自分を後悔。
それから、頂いたその恩を誰かしらに返そうと考えたママ。
Pay forward
と言う考え方らしいわ。
そんな想いが広がったら好いですね。
優しさを投げかけて。

やりたいこと、あるでしょう

おはようございます♪
おはようございます♪

めめヤードで、茶々お兄ちゃんと一緒です。
最近はちょうちょが来ないので、大体この椅子でお兄ちゃんとのんびりしているわ。
あたち、ちょうちょを追いかけられるの。

うふふ♪不思議かしら？
見えなくても、出来るのよ。
今朝も、いつもと違うベッドへ階段を上るように上ったら、ばあちゃん、びっくりした声を上げていたわ。

あたちは何でも、とりあえずやってみる派ね。そこもまたママ似かも。
尻込みしてること、ありませんか。
あたちが背中を押しましょうか。
前にもお伝えしたけれど、
20回に1回からはじめてみて下さい。

生きてる限り、タイムリミットに向かって
生きているのは、皆一緒。
大事にして下さいね、自分の想い。

時はみなさま次第

おはようございます♪

おはようございます♪


なんだか、ママが難しいことを言いだしたわ。

あたち、おトイレも、おうちの中も、自分で覚えたの。どうやったの？　って、みなさん不思議がるけど出来ちゃったの。

お陰で、ママやばあちゃんは、おトイレのことで、あたちの心配をする必要なんてないわ。

おうちの中もへっちゃらなの。どんどん歩いて色んなお部屋に行くし、ボールやちょうちょを追いかけるのも楽しいわ。

あのね、世の中があたちに悪いことを用意している筈ないって思ってるって、ママは言うのよ。

ぶつかる怖さ、落ちる怖さ、みんな考えてないの。

だから平気なんだって。

性善説、だなって。

世の中、本来　善なんだっていう考え方ね。

そこもママ似ね。

ママはこの意見に大賛成。勿論、それではつじつまの合わない出来事が、世の中にはあること、わかっているわ。

それでもやっぱり性善論、なんですって。何故かと言うと、その方が楽しく過ごせるから。物事をいぶかしげに見ているよりも、好い方向に向かってるんだと考えている間の方が楽しいのです。

時は等しく流れていくわ。

その間、どんな気持ちでいるか、は、みなさま次第よ。

うふふ♪

眠れない夜に

おはようございます♪

おはようございます♪


実はまだ真夜中なんです。ママは、お気に入りのピアノトリオのＪＡＺＺのＣＤを聴きながら、原稿用紙に向かっているの。だから、あたちも聴きながら、お付き合いよ。アラ、あたち、いつの間にか眠ってた。

倖せってそういうことかしら。

医学的には7時間睡眠が、一番統計上、身体によいんだそうです。

でも心にはどうかしら？

よく眠れないって困ってるひとの中に、眠る時間帯や、明日の心配をして、余計に眠れなくなっているひと、いませんか。

よい睡眠は、なんて、言われますが、眠くならないことを気にしてばかりでは、逆効果じゃありませんか。
眠れない時は、そういう時なんです。
月も星も、そこにいてくれます。
え、今は雨？
じゃ雨音をバックに懐かしい物をあさってみましょう。
あたち、この間ママが、初恋のひとの写真をみつけたの、知ってるの。
うふふ？
そんなちょっとした刺激に出逢えるかも。
眠れないがわくわくに変わる方法、で・し・た。
うふふ♪

笑いの力

おはようございます♪
おはようございます♪

ママが、ジュラ紀白亜紀くらいの昔、教科書で読んだ話です。

映画監督の山田洋次さんの戦後体験のお話。

買い出しに出るひとたちは、今の満員電車の比じゃない程混雑した列車に乗って、食料を求めに行ったそう。

重い荷物を精一杯背負って必死にぶら下がりながら乗っていると、誰かがとんでもないユーモアを放ったんですって、笑って笑って手を離しそうになるくらい。

でも、そうすると、あっという間に道中過ぎて、家に帰りつくことが出来たそうよ。

あの時代のひとびとは、そうして生きぬいてきたのね。

今ってどうなんでしょうか。

笑顔、足りてますか。

生きて帰れれば、それで1日◯ですよ。

色んなことを考えます。

今日から八月です。

よんなー　よんなー

おはようございます♪

おはようございます♪

めめです。

暑いですね、がご挨拶になりましたね。

よくこの季節は、ねこが家のいたるところに落ちているといいますが、皆さまのお宅は如何ですか。

ひとも落ちたい、そんな暑さですよね。

ママは沖縄で音楽をやったり聴いたりするのが好きで、よく出向きます。

沖縄は、歴史的に辛い想いを幾度もしているので、その分、生きぬく力に満ちています。

言葉にもそんな秘密が隠れています。


よんなーよんなー、で。

と言われることがあります。ゆっくりのんびりなんとなく、で。というニュアンスの意味だそうです。

生きる力ということ、エネルギッシュにいかなくては、とつい思ってしまいますが、暑さの中暮らすには、ゆっくりのんびりいくのが好いですよね。

暑さの中では、よんなーよんなーで。

戦争のおはなし　其の一

おはようございます。

おはようございます。

今日は大事なお話、戦争の時のお話をします。

ママのおじいちゃんのお話ですって。

ママのおじいちゃんたちは、東京大空襲が遠くに真っ赤に見えたくらいの処に住んでいたんですって。

ある日、空から人が落ちてきたそうよ。米兵ね。その時には、鬼畜米英って言われてたわ。でも、おじいちゃんは、落ちてきた２人を蔵に匿ったそうよ。

その時、おじいちゃんの息子、上２人は、召集されて、南方へ行っていたらしいわ。

その米兵２人にも、待つ家族があろうと、想像したのか、

「同じ人間だから」

と言って、２人を逃がしてあげたそうよ。

その米兵２人が、家族の元へ帰れたかどうかは、知る由もないわ。

結局、おじいちゃんの息子２人は、墓石だけが立派な石碑で、南方の島と海に眠っている。

若し、２人の米兵が仮に家族の元へ帰れたなら、２つの命が救われ、それを待つ家

族たちも、戦いで家族を失うという不幸を味わわずに済んだと思います。

互いに命を尊んでおれば、人が人を殺し合うような、戦争などという愚かな行為もなくなる筈。

私たちには、出来ます。

戦争は、絶対にしない。

そのために、
忘れない。

忘れない。

命は尊ぶもの、
忘れない。

戦争のおはなし　其の二

おはようございます。

おはようございます。

ママのおじいちゃんの戦時下の出来事は、お話ししたわね。

そのお話を聞いた、ママの元職場のおじいちゃん先生のお話です。

ママが、

「うちのおじいちゃんは、米兵を匿ったんですよ　同じ人間だからって」

と話すと、
優しいそのおじいちゃん先生が、なんとも言えない顔をして、

「それでも、俺は許せないなあ。だって、友だちが銀座歩いていて、ミサイルで撃たれたんだ、ババババババ…って。もう死んでるのわかってるのに、また戻ってきて、ババババババ…って。やつら笑っていやがった。俺はね、絶対に許せないんだ」

と返してきたのです。

おじいちゃん先生は、それきりで、もう戦争のお話はしませんでした。

思い出したくもなく、思い出せば、また甦ってしまう憎しみという感情。

その時代を生きてきた人たちは、そんな想いを内包して、今を生きているのです。

戦争はね、人を不幸にする、間違いなく。いけないよ、いけないよ。

ママは、沖縄に、惹かれるように通いつづけています。沖縄は、まだ戦争が近くに

あります。戦争の悲惨さを知ることができる場所がたくさんあります。
ひめゆり平和資料館、存続の危機?! どうして?
佐喜眞美術館へは行ったことがありますか?

忘れてはいけない、
戦争は、いけないよ、いけないよ。

お盆に想う

おはようございます♪
おはようございます♪

昨夜は、ウークイと言って、沖縄のお盆の最終日、送り灯の日でした。
ママは、沖縄のお友だちのライブに行き、大好きな八重山民謡の

月《つく》ぬ美《かい》しゃ
という曲を聴いたんですって。
お月様は、満月より、
その手前の十三夜、の方が美しい、
ひとも少し欠けているくらいがいいんだよ。という歌です。

素敵だな、と思いました。

完璧なひと、完璧に見えるひと。
完璧だと思っているひと。
それより、
どこか欠けてるな、というひと。
の方が魅力的よ。
あたちもそう思います。

そのライブをやった娘《こ》とママは話したそうよ。

スタイルの良いひと
顔立ちがキレイなひとだけが美しいとは限らない
どんな自分でも愛して欲しい、と。
あたちも激しく同意。

ご先祖様のＤＮＡに感謝できる、自分であるように。

悔いずに

おはようございます
おはようございます

ママが十四歳の夏、生家の父は亡くなりました。
その数日前、お盆で帰って来たところへ、ママのおばあちゃんが布団の中で亡く
なっていたと連絡があり、急に九州へ行くことになりました。

あわてて出掛けたので、ママは、お父さんの薬を玄関に置き忘れてしまいました。

長い間、ママは、そのお薬を、自分が忘れたために、九州から帰宅したお父さんが、脳いっ血で亡くなってしまったのだと悔いていました。

本当にそうですよね。

高血圧の人が、突然のお葬式を仕切らなければならなかったりで、ストレスがかかっていたのに、薬を飲まず、辛かったのだと思います。

ママの弟は、布団で一緒に寝ていたお父さんが、苦しんでいたのに、眠ってしまったことを悔いていました。

本当に、ママのお父さんの死は、念の残る死でした。

だからね、
ママは悔いは残さずというのは、そういうことが子供の頃にあったからなんですよ。

悔いの残らないように、それはとっても、不幸な気持ちにさせるから。

ママも、お父さんの歳を超えてしまいました。

生きてる限り、想いは残さず。

色んな生き方がありますし、
色んな事情もあるでしょうが、

生きてる間は、好い想い出づくりに励みませんか?

父の命日に。

想い出は残しても

おはようございます♪

おはようございます♪

ママの唄声に反応する、めめです。

うるさがっているわけじゃないわ。ちゃんと聴いててよ。

世の中がまだまだ騒がしいため、来月のママのライブ、なくなっても朝活するママに呆れてる? いいえ。

想い出は残しても、想いは残さない生き方のママ。ママの考えってね、そうなの。

今日はどんな日か、わからないけど、楽しみましょう。想いのとおりに。

うふふ♪

それがあたち

おはようございます♪

おはようございます♪

あたち、あたちのことお話しするの苦手なのよね、実は。

あたちがママに出逢った時は、もうお目めは見えなくて、右眼はジンジン痛んでいたわ。ママのお話だと、眼球が飛び出ていたんですって。だから、本当に小さな仔猫だった、かわいい極みの頃、の写真が殆どないの。ママは密かに何枚か持っているみたいだけど、ママはそれを愛しいと思っても、多分、多くの人がそれを見ると気分を害してしまいそうなの。

ママは暫く、右眼にお薬をつけてくれて、少しでも治まるのを待ったけれど、ある日、痛みが続くのも可哀想だ、と手術をしてもらうことに決めたの。

費用？　それは、ママが清水の舞台から3回程飛び降りなきゃいけなかったらしいわ。

でも、手術して戻ってきてからは、ママはお写真をパチパチ（って今時言わないわよね、ところで。許しましょ、ママは昭和の人なので）撮り始めたんです。

あたちは、ケージのすき間から飛び出し、お家の中を散策したりしたわ。ママは、「しょがないよね、皆んな自由にやってんだもんね、うちは」

と言い、お家の中を冒険してもよいことになったわ。探してみつかり易いように、リンリンとなる鈴をつけて貰ってね。

おトイレはね、うふふ♪

あたち、実は何回か、ちっちをしかかった時に、ママが大慌てで連れていってくれた先ですることを教えてくれたんだけど、何度か行くうちに、どうしてか、そこがトイレってわかるようになったわ。これは、企業秘密。（というか、ママにも謎です）

ご飯は、おいしい匂いでわかるから、あとは冒険の気持ちがあれば、へっちゃらだったわ。

カーテンクライム。

お洋服クライム。

ボール遊び、

茶々お兄ちゃんとレスリング。

毎日楽しくお家の中で遊んで、半年も経った頃、あたちもレディに。

手術を受けることになりました。

ニャン生（人生）２度目の病院お泊まりの日に、あたち、けいれんをおこしちゃったの。

てんかん持ちだということが発覚して、ママは心底心配をしたのだけれど、優しいお医者さんは、

「大丈夫、てんかんで死ぬことはないからね、お薬、がんばりましょう」

と言ってくださって、今でも毎朝毎晩のお薬と一ヵ月に一度の通院、顔晴《がんば》ってます。

盲目で、てんかん持ちの元保護猫。

それが、あたち、なの。

でも、今は倖せね、うふふ♪

著者プロフィール

田中 優子（たなか ゆうこ）

千葉県出身
秘書などを経て、47歳で独学で保育士資格を取り、保育の道へ。
そのかたわら音楽活動（Jazz Vocal）も行なう。
自慢はアルバイト時代、ベストキャッシャーコンテストで全国優勝したこと。

めめ

千葉県海岸出身（恐らく）。
長しっぽ、三毛、女子、目が見えなくても大丈夫な、現在1歳（推定）。

見えなくても大丈夫 ～Blind cat めめ～

2022年4月15日　初版第1刷発行
2022年9月15日　初版第2刷発行

著　者　田中 優子
発行者　瓜谷 綱延
発行所　株式会社文芸社
〒160-0022　東京都新宿区新宿1－10－1
電話 03-5369-3060（代表）
03-5369-2299（販売）

印　刷　株式会社文芸社
製本所　株式会社MOTOMURA

ISBN978-4-286-23496-0　JASRAC 出2200183－201